아미네코의 생활

들어가며

'아미네코'란 손뜨개 인형 고양이를 말합니다.
아미네코가 태어난 계기는
'잠들어 있는 고양이를 닮은 인형'을 만들려고 한 것입니다.
잠이 들어 손발은 바닥에 축 늘어져 있고, 평온히 잠든 듯한 얼굴에,
안정감 있는 묵직한 엉덩이까지.
그리고 무릎 꿇고 앉는 자세도 가능하도록 팔다리는 길게 만들었습니다.

손뜨개 인형은 만드는 사람에 따라 모양이 미묘하게 다릅니다.
같은 사람이 만들어도 그때그때의 기분에 따라 또 달라집니다.
얼굴을 만들 때에는, 보고 있으면 내 기분도 편안해지는 표정으로 만들어 주세요.
털실은 마음에 드는 색깔의 감촉이 좋은 실을 고르면, 작품을 완성하고 나서는 물론이고
뜨고 있는 동안에도 줄곧 기분 좋게 만들 수 있습니다.
그리고 완성이 되면 이름을 지어 주고, 예뻐해 주세요.

아미네코는 다양한 자세가 가능해서, 가지고 노는 것뿐만 아니라
사진을 찍을 때도 굉장히 재미있습니다.
이 책에는 아미네코들과 함께하는 재미있는 하루하루가 가득 담겨 있습니다.
아미네코 작가로서 많은 분들이
마지막 페이지까지 구석구석 마음껏 즐겨 주셨으면 좋겠습니다.

아미네코 다루는 법

아미네코는 살아있을지도 모르니까,
옮길 때는 살짝 잡아요.

단정하게 무릎 꿇고 앉을 수도 있지요.

흐물흐물하지만,
혼자서 앉을 수 있어요.

목차

우우우

녹차

녹차라도 좀 드시지요.

아오: 「…」

뭐, 뜨거워서 못 마신다고?

실은 녹차가 아니라
주스가 마시고 싶은 거지?

컴퓨터

그레이, 내 컴퓨터 좀 보지 마라.

맘대로 일기 읽지 말라고.

저리 좀 가라니까!

눌러 버려야지~
그레이: 「아구구구구」

빗자루

핑크: 「있잖아, 그거 해 줘~」

차: 「해 줘~」

모두: 「해 줘~」
뭐, 할 수 없지….

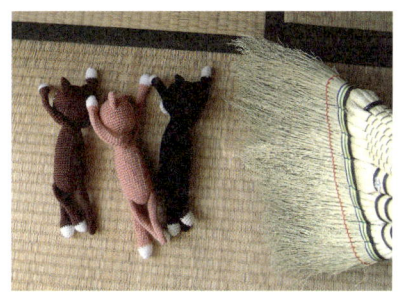

갑니다, 빗자루로 굴리기~
모두: 「와~와~♪」

안경

핑크: 「이거 쓸래~」

핑크: 「이거 쓸래~~~」

핑크: 「와~」

핑크: 「이마에도 올려 줘!」

7

놀자!

이불털이

오렌지:「이거 가지고 놀래.」

안 돼.

오렌지:「그래도 놀 거야!」

안 된다니까.

마우스

시로:「놀아 줘~」

시로:「일 같은 건 그만 좀 하고.」

삐쳤다.

시로:「에잇~」
어, 그거 누르면 안 돼~~~!!

고무줄 놀이

시로:「자, 간다.」

시로:「호잇, 호잇」

시로:「호잇, 호이호잇」

시로, 상당한 실력이군요.

신경쇠약

모두:「준비 됐다~ 맞춰 봐~」

핑크:「땡!」

포도:「땡!」

오렌지:「땡!」
이런, 어떤 게 어떤 거랑 짝인지 모르겠어

가 보고 싶어

이번엔 뭘 하고 있어?

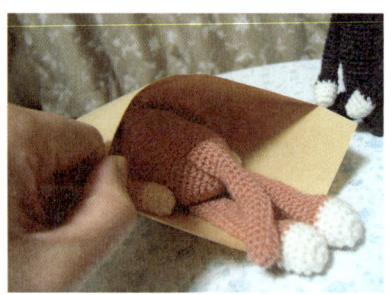

봉투에 들어가서, 어디 가려고?

(파리)
홋, 프랑스…?

전화

그레이:「…」

그레이:「…」

그레이:「아무 소리도 안 들리네.」

이봐요, 여보세요~
그레이:「에쿠, 이쪽이 듣는 쪽이구나.」

10

빵

혼자서 엄청 큰 단팥빵을 먹으려고 했는데,
미도리한테 들키고 말았다….

예예, 여기 절반~

이봐, 코에 부스러기 묻었다고.

창가

쿠로추가 창가에 혼자 있네.

무슨 일이지?

아… 만화 보는구나.

착지

신기한 털실

상자

고양이는 상자를 좋아한다.

코코미: 「털실 뭉치다.」

좁아도 좋아한다.

코코미: 「한번 들어가 볼까나.」

이런 상자에도 들어가고

코코미: 「영차.」

아니, 그 상자는 어림없어.

쿠비와: 「으악, 몸이 늘어났다!!」

살짝 손만 댔는데

그레이: 「엇」

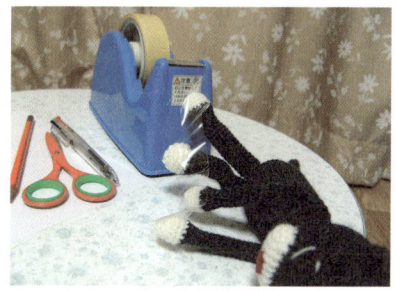

그레이: 「크, 큰일 났다.」

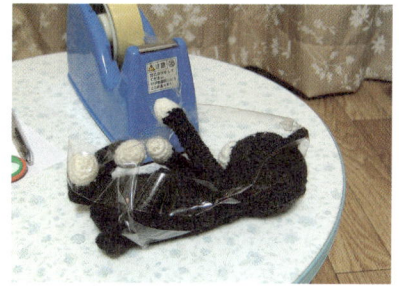

그레이: 「크악~, 점점 더 엉켜 버렸어!」

핑크: 「큰일이다, 괜찮아?」

그레이: 「휴우, 죽는 줄 알았어.」

구두

그레이: 「구두에 들어가 보고 싶은데.」

그레이: 「다들 필사적으로 말린다.」

그레이: 「대체 왜지?」

미도리가 사라졌다

어, 미도리는?
모두:「몰라~」

미도리 어딨는지 알아?
모두:「글쎄, 못 봤는데.」

여기도 없네, 어디 간 거지?

꺅~ 이런 곳에!
미도리:「간식은 아직이야?」

주머니 사정

미도리:「음….」

미도리:「힘들겠는데.」

미도리:「이번 달은 이제 단팥빵 못 먹겠다.」

미도리:「어쩔 수 없지. 꿈속에서 먹어야지.」

어묵

모두 모여 그림을 그렸다.

미도리의 그림은 언제나 먹을거리.

모두 자는데도 계속 보고 있다.

홍차

미도리:「음~ 향기로운 홍차 냄새~ 그지만 이대로 여기 있으면….」

미도리:「분명히 이렇게 돼서….」

미도리:「아, 무서웠어.」

된장국

아오:「두근두근, 오늘은 들어 있으려나….」

짠!

아오:「와~, 된장국 물고기 제일 좋아.」

케이크

저 상자, 냉장고에 넣어 놨었는데….

저 귀는!

이런, 먹으려고 기대하고 있었건만.

슈크림

슈크림을 먹으려는데…

알맹이가 사라졌다.

녀석들, 수상한데….

그럼 그럴지!

모시조개

핑크가 좋아하는 것.

모시조개의~

…껍데기.
이런 게 좋은 거였구나.

아미네코의 습성, 그 첫 번째
무릎을 끓고 앉아요

요령이 필요해요

무릎부터 확실히 구부려 주고

엉덩이를 살포시 얹어 줍니다.

옆에서 봤을 때

어딜 보고 있는 걸까.

위에서 봤을 때

배고프구나.

정면에서 봤을 때

그래, 조금만 기다려.

뒤에서 봤을 때

쿡쿡 찔러 보고 싶어지는 뒤통수.

무릎 꿇고 앉을 수는 있지만
오랫동안은 좀...

무릎 꿇은 지 10분....

괴, 괴롭다.

다리 뻗을 테야.

아이고.

꺾어 앉기

이건 괜찮아?

더욱 다양한 자세로
앉을 수 있어요

거만한 자세

반성하는 자세

편안한 자세

팔짱 끼는 올바른 방법

팔짱 끼고 앉기

팔짱을 낄 때, 손은
팔꿈치의 안쪽으로 넣습니다.

묶으면 절대 안 돼요.

20

아저씨 스타일로 앉기

해서는 안 되는 자세

21

갈등

마이도(마음의 소리): 어쩌지… 정어리도,
오징어 회도 못 먹는데~

마이도(마음의 소리): 그렇다고 안 먹을 수
도 없고….

마이도(마음의 소리): 그치만 이렇게 많이는
못 먹는단 말야~

마이도(마음의 소리): 조금 먹어도 용서해
주려나….

마이도(마음의 소리): 아니면 아무도 안 볼
때 살짝 주머니에 넣어서…. 그러다 만약 들
키면….

긴 시간이 지나고, 다리도 저립니다.

주인아주머니: 어머, 정어리랑 오징어 회 못
먹어?
마이도:「네, 죄송해요. 흑흑」

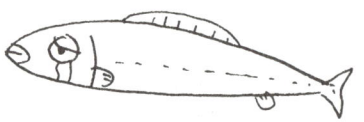

꼭 닮았어

테:「왠지 남 같지 않은데…」

정말이네, 완전히 똑같은 걸.

점점 더 똑같아.
테:「아하하, 다른 거, 다른 거~」

그럼 이건?
테:「이, 이런 건 못 해~!」

귤

오렌지:「귤이 하나밖에 없으니까,」

오렌지:「빠른 사람이 임자!」

모두:「많이 들어 있잖아~」
오렌지:「어, 아하하…」

테:「내 거까지 들어 있었어.♪」

쉬는 날

아오: 「쉬는 날은 좋구나, 오늘은 어딜 갈까.」

아오: 「기분 좋다….」

아오: 「중얼중얼, 에헤헤….」

코테: 「하루 종일 잘도 잔다.」

낮잠

오전 11시. 낮잠을 자려는데
먼저 온 손님이 있다.

오후 2시. 아직도 자고 있다.
고양이는 태평해서 좋구나.

오후 7시, 아식노 자고 있다.

마이도: 「일어나, 저녁밥 먹어야지.」
하지: 「뭐, 벌써 밤이야? 나 이제 못 일어
나…. 주말까지 내버려 둬.」

선잠

놀다가 깜빡 잠이 든 채로
한밤중이 되었습니다.

이제 곧 아침인데….

때르르릉!!
동시에:「꺅~」

두 마리, 아식도 기질 싱대입니다.

먼저 온 손님

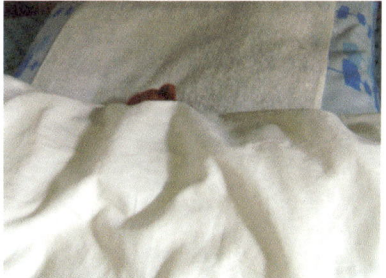

누구?

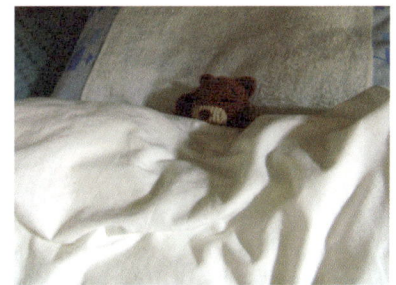

그래 그래, 같이 자자.

꺄~ 이렇게 많이 있었어?

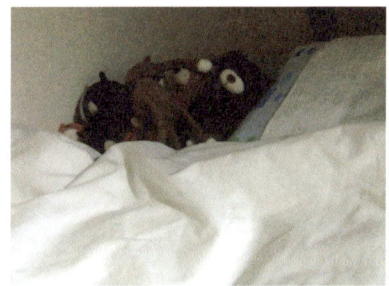

너무 많아서 방해된다고….

25

아미네코의 습성, 그 두 번째
자는 것을 아주 좋아해요

아무렇게나 자기

뒹굴뒹굴 하기

피란 하늘 보며 자기

추워서 웅크리고 자기

울면서 자기

친한 친구한테 달라붙어서 자기

사이좋게 자는가 싶었더니

하지만 잠버릇이 나빠서

이렇게 되기도 하고

장난을 치고 있다.

이렇게 되기도 한다.

수중발레 고양이!

이
부
자
리
에
눕
히
는
방
법

아미네코를 베개에 눕힐 때에는

베개를 약간 움푹 들어가게 해 주면

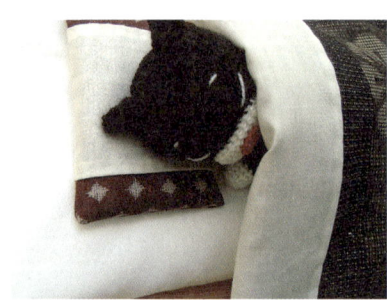

더욱 그럴듯한 모습이 됩니다.

큰 베개에 눕힐 때도 마찬가지입니다.

이봐 이봐, 벌써 해가 중천이야.

잠이 안 와

미도리: 「불안해서 잠이 안 와….」

미도리: 「그 녀석은 어디로 가 버린 거지….」

미도리: 「왜 이런 데 있는 거야?」

새근새근.

물고기 베개

우선 종이 위에 눕힙니다.

적당한 크기의 물고기를 그린 다음,

그 그림을 바탕으로 종이 본을 만들어,
베개로 만듭니다.

어, 지난번에 그렸던 게 베개였구나~

이불과 물고기 베개를 만드는 법은 67~69쪽에 있습니다.

이런 거.

선탠

그런 데서 자면 햇볕에 까맣게 탄다~

시로:「나, 검은 고양이가 될 수 있을까.」

미도리:「배에 손자국 내야지.」

차:「다리에도 손자국 내야지.」

포도:「이렇게 하면 하얘지려나?」

쿠로:「음, 고양이의 이마는 좁군요.」

그레이:「뭔지 모르겠지만, 나도 따라 해야지.」

뒤죽박죽이네요.

정렬!

단체체조 첫 번째

얍, 다음!

피라미드!

잘했어, 쉬어!

단체체조 두 번째

단체체조, 준비!

얍!

「꺄~ 머리에 올라가다니 무례하다냥~」

32

옷

아미네코는 평소 알몸으로 지내는데

원피스를 입을 때만 속바지를 입기도 하고

수영을 할 때만 수영 팬티를 입곤 합니다.
아오:「물 받아줘~ 물!」

아오:「…역시, 무서워….」
이봐 이봐, 거기 수영장 아니야~

옷 만드는 법은 70~71쪽에 있습니다.

수박 먹을 때 입는 옷

수박 껍질인 척~

수박 속인 척~

「씨인 척 하는 거 아니야?」

주머니가 좋아

어라,

이런 곳에 주머니가?
코테: 「어, 비상금이다!」

도롱이벌레 주머니

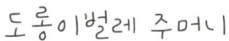

아오: 「만들어 줬어~」
꼬맹이들: 「재밌다, 이거!」

포도: 「낮잠 자는 새로운 방법인가?」
시로: 「나, 왠지 불안한데…」

주머니 완전 좋아!

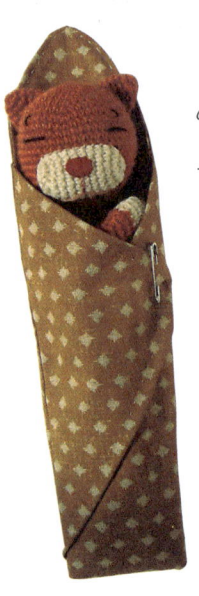

아미네코 특제
도롱이벌레 주머니

만드는 법은 72쪽에 있습니다.

34

손님

모두: 「오늘은 손님이 오신대.」

모두: 「그레이 녀석, 의욕이 대단한데.」

그레이: 「두근두근해….」

그레이: 「어서 오십시오!!」

대접

차가운 녹차와 과자를 대접하는 연습 중인 쿠로스케.

쿠로스케: 「"차가울 때 드세요~" …이렇게 하면 되려나.」

쿠로스케: 「왠지 기분 좋아 보이는데~」

쿠로스케: 「이 녹차도 즐거운가 봐~, 얼음이 카랑카랑 소리 내고 있어~」

(놀다가 잠이 든 쿠로스케)

손님: 「어머나, 이 고양이도 과자예요?」

35

대자로 눕기

산책을 나갔는데 아오가 도시락을 잃어버렸
습니다.
핑크:「괜찮아.」

핑크:「할 수 없지, 도시락은 나눠 먹으면 돼.」

핑크:「그것보다, 다 같이~」

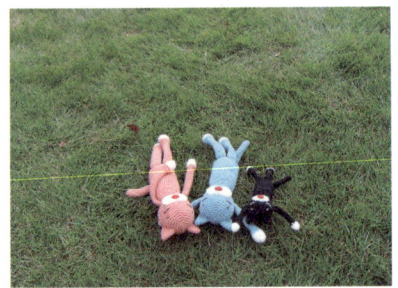

코테:「대자로 눕기!」

핑크:「어때, 힘이 나지?」

눕기

각자 다른 곳에서

그런 데서 뭘 보고 있어?

그런 데서 뭘 보고 있어?

핑크: 「석양!」

오렌지: 「석양~!」

야단맞았다

아미네코의 습성, 그 세 번째

아미네코도 때로는 우울해요

자그마한 녀석이 저렇게 오도카니 앉아 있으면,
살짝 다가가 곁에 있어 주고 싶어요.

풀 죽고

주눅 들고

울고

기운 없고

힘 빠져서 땅만 보고

39

틈새에

어, 저 꼬리는…

역시나~

그런 데 있지 말고 어서 나와.

얼른, 이제 화 안 낼 테니까.

혼자가 좋아

아오는 혼자 있기를 좋아해.

그런데 말이야~

시로는 아오를 좋아해.

아오도 시로라면 괜찮대.

높은 곳에 올라가면 기분이 좋아

41

밤샘 작업

밤샘 작업을 해서,

밤샘 작업을 해서,

자그마한 동생들을 만드는 쿠로추.

거대한 동생을 만드는 아오.

완성했습니다.

집회

모두:「뭔가 빠진 것 같은데.」

아오:「커다란 무언가가.」

아오:「앗, 어느 틈에!」

그런데 여러분, 독특한 집회로군요….

아직인가?

오렌지:「아직인가….」

오렌지:「내 동생, 아직인가….」

오렌지:「살짝 봐야지.」

오렌지:「아직 안 됐네….」

43

다른 털실로 뜨면

보송보송한 모헤어와 독특한 루프사로 떠 보았습니다.
색다른 뜨개지가 매력적인 손뜨개 인형들의 완성 모습!
하지만 루프사는 뜨개질이 익숙해진 후에 도전해 주세요.
뜨개코가 잘 보이지 않아 울고 싶어지거든요….

다양한 무늬의 친구들

뜨는 도중에 털실의 색상을 바꾸어 무늬를 넣었습니다.
얼굴 표정도 제각각, 얼마든지 원하는 대로 디자인하며 즐길 수 있습니다.

색상을 바꾸는 단수는 66쪽을 참조해 주세요.

어, 이게 뭐지?

안경?

선글라스?

앞머리인가?

어, 이게 뭐지?

고글인가?

짜잔~, 수염!!

그렇게 놀랄 것까지야….

넘어졌어요….

배달 나가던 국수 가게 주인

47

합태 (30cm)

털실의 굵기가 다르면

털실의 굵기에 따라 완성 크기가 달라집니다.
똑같은 뜨개 도안을 사용해도 가는 털실로 뜨면 작게,
굵은 털실로 뜨면 크게 완성됩니다.

중세 (27cm)

합세 (23cm)

초보자나 초보자에 가까운 사람은 그다지 가늘
지 않은 스트레이트 얀을 사용하면 뜨기 쉽습니다.
저는 합세사를 주로 사용하는데, 처음 뜨개질을
하는 분들은 합탄, 병태, 극태 정도부터 시도해 보
세요. 보기 쉽고, 뜨기 편하고, 금방 떠지기 때문에
성취감도 느낄 수 있습니다. 같은 굵기의 털실이라
도 코바늘을 바꾸면 완성 사이즈도 달라집니다.

극세사를 작은 호수의 코바늘로 뜨면
손 안에 쏙 들어가는 더 작은 사이즈로!

극세 (17cm)

뜨개 도안입니다

짧은뜨기로 떠서 만듭니다. 자세한 뜨개법과 만드는 법은 50, 51쪽과 70, 71쪽을 참조해 주세요.
기초코는 실로 원을 만들어 만듭니다. 「○번, 늘림(줄임)코 1번」은 짧은뜨기를 ○번 뜨고 나서 1번
늘림(줄임)코 하는 것을 반복한다는 의미입니다. 늘림코는 「짧은뜨기 2코 늘려뜨기」, 줄임코는 「짧
은뜨기 2코 모아뜨기」 증감 없음은 「보통의 짧은뜨기로 전부 뜨기」입니다.

귀 (2장)

단	콧수	메모
1	4	기초코를 만들고, 짧은뜨기 4코를 뜬다.
2	8	늘림코를 4번 한다.
3	10	3번, 늘림코 1번
4	12	4번, 늘림코 1번
5	14	5번, 늘림코 1번

입 부분 (1장)

단	콧수	메모
1	7	기초코를 만들고, 짧은뜨기 7코를 뜬다.
2	14	늘림코를 7번 한다.
3~10	14	증감 없이 10단까지 뜬다. 10단을 모두 뜬 다음, 솜을 넣는다.
11	4	3코 모아뜨기, 4코 모아뜨기, 4코 모아뜨기, 3코 모아뜨기

몸통 (1장)

단	콧수	메모
1	6	기초코를 만들고, 짧은뜨기 6코를 뜬다.
2	12	늘림코를 6번 한다.
3	18	1번, 늘림코 1번
4	24	2번, 늘림코 1번
5	30	3번, 늘림코 1번
6	36	4번, 늘림코 1번
7~23	36	증감 없음.
24	30	4번, 줄임코 1번
25	30	증감 없음.
26	30	증감 없음.
27	24	3번, 줄임코 1번
28	24	증감 없음.
29	24	증감 없음.
30	18	2번, 줄임코 1번
31	18	증감 없음.
32	18	증감 없음.

머리 (1장)

단	콧수	메모
1	6	기초코를 만들고, 짧은뜨기 6코를 뜬다
2	12	늘림코를 6번 한다.
3	18	1번, 늘림코 1번
4	24	2번, 늘림코 1번
5	30	3번, 늘림코 1번
6	36	4번, 늘림코 1번
7	42	5번, 늘림코 1번
8	48	6번, 늘림코 1번
9~15	48	증감 없음.
16	42	6번, 줄임코 1번
17	36	5번, 줄임코 1번
18	30	4번, 줄임코 1번
19	24	3번, 줄임코 1번
20	18	2번, 줄임코 1번

팔 (2장)

단	콧수	메모
1	6	기초코를 만들고, 짧은뜨기 6코를 뜬다.
2	12	늘림코를 6번 한다.
3~6	12	증감 없음.
7	8	1번, 줄임코 1번
8~28	8	증감 없음.

※ 5단을 뜨고 나서, 털실의 색상을 바꾼다.

다리 (2장)

단	콧수	메모
1	6	기초코를 만들고, 짧은뜨기 6코를 뜬다.
2	12	늘림코를 6번 한다.
3	15	3번, 늘림코 1번
4~7	15	증감 없음.
8	10	1번, 줄임코 1번
9~24	10	증감 없음.

※ 5단을 뜨고 나서, 털실의 색상을 바꾼다.

꼬리 (1장)

단	콧수	메모
1	6	기초코를 만들고, 쌃은뜨기 6코를 뜬디.
2	8	2번, 늘림코 1번
3~22	8	증감 없음.

49

※ 50~52쪽은 독자의 이해를 돕기 위해 저자의
홈페이지(http://www5a.biglobe.ne.jp/~mite/
diagram/crochetedCat.html)에 수록된 도안을
인용했습니다.

머리

팔

귀

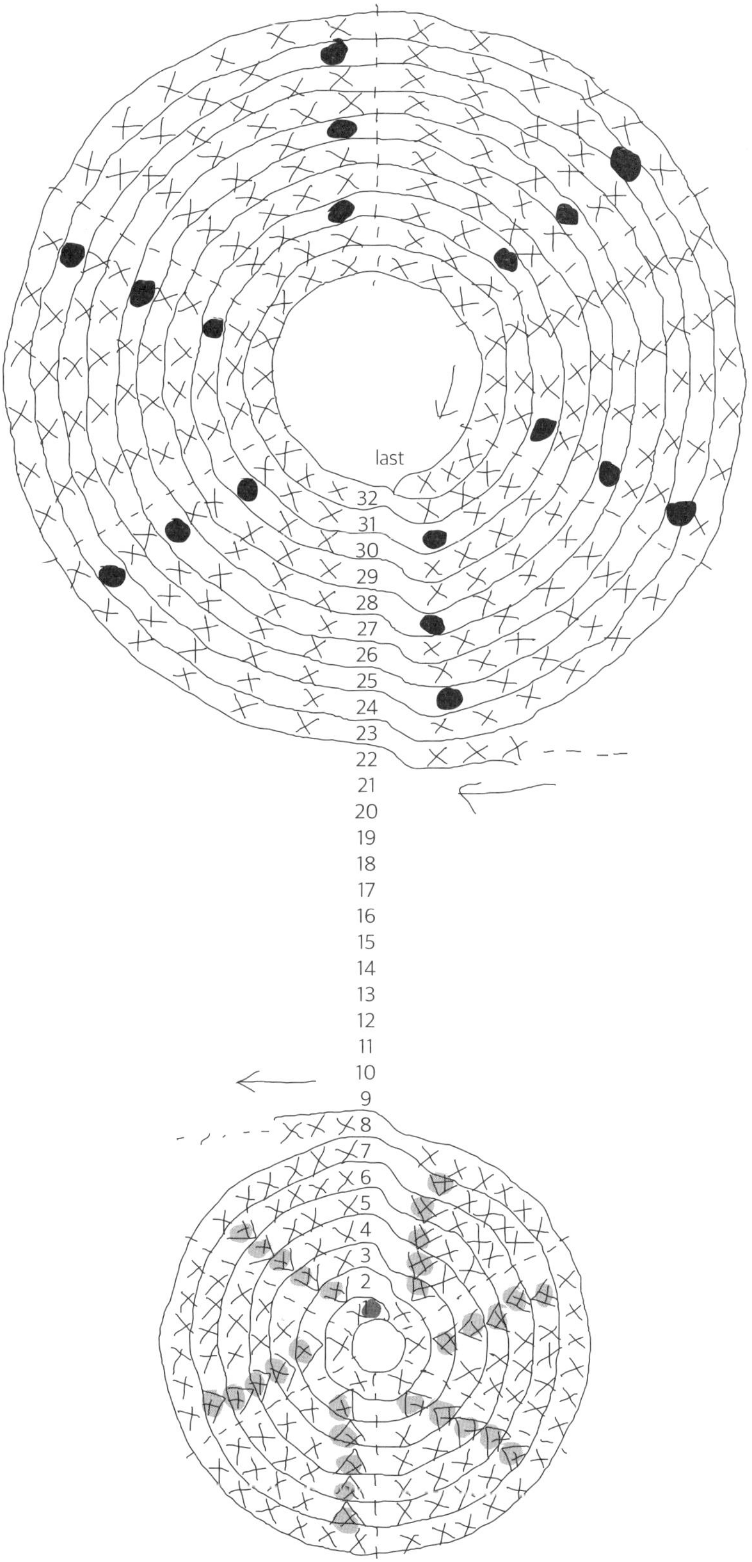

last
32
31
30
29
28
27
26
25
24
23
22
21
20
19
18
17
16
15
14
13
12
11
10
9
8
7
6
5
4
3
2

51

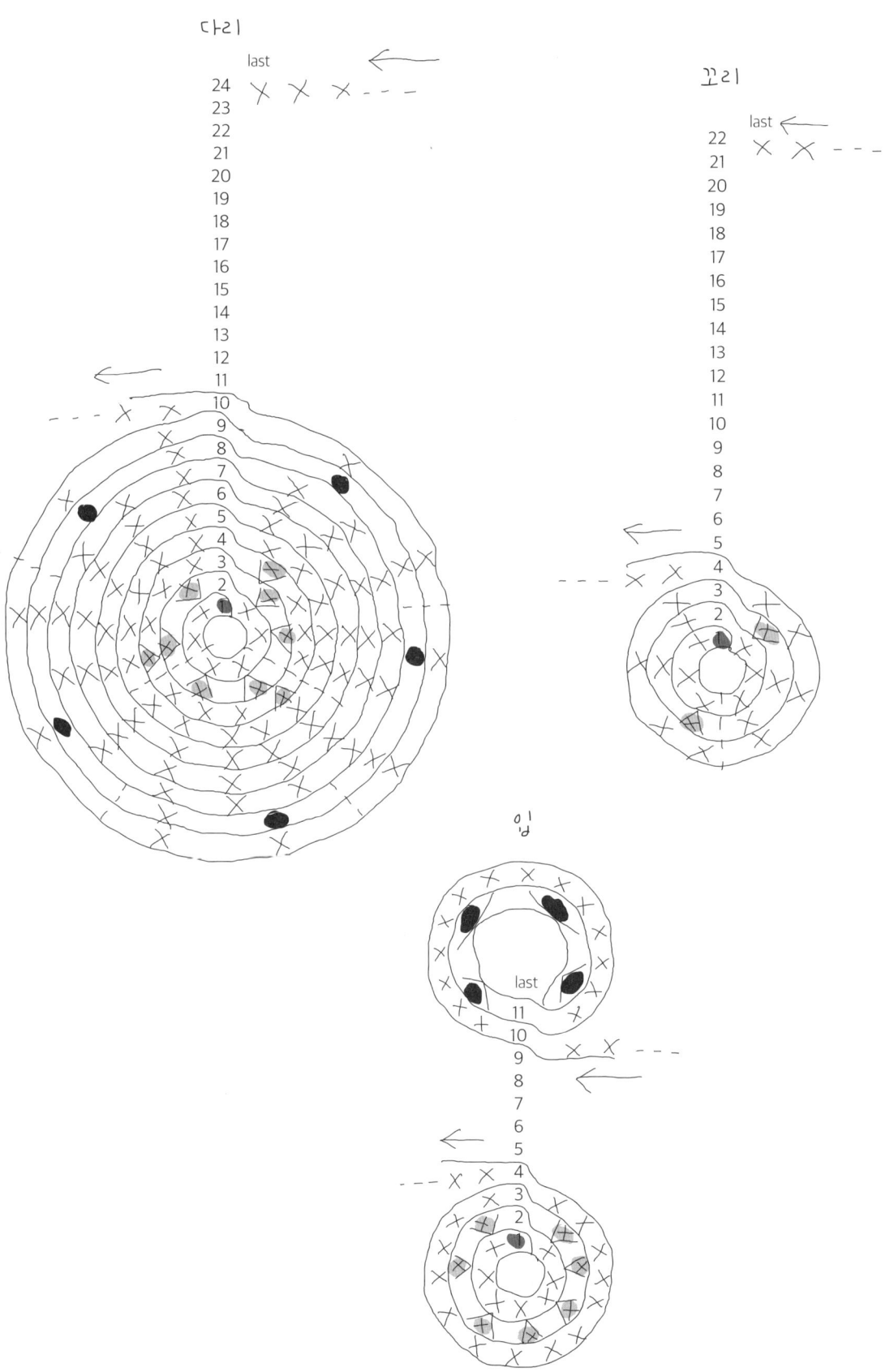

다리

last
24 ✕ ✕ ✕ − − −
23
22
21
20
19
18
17
16
15
14
13
12
11
10 ✕
9
8 ✕
7
6 ✕
5 ✕
4
3 ✕
2

꼬리

last
22 ✕ ✕ − − −
21
20
19
18
17
16
15
14
13
12
11
10
9
8
7
6
5
4 ✕ ✕
3
2

팔
다리

last
11
10
9
8
7
6
5
4 ✕ ✕
3
2

이렇게 떠 주세요

짧은뜨기를 빙글빙글 떠 나갑니다. 우선 머리부터 만들어 주세요. 다음은 몸통, 팔, 다리, 귀, 입 부분의 순으로 뜹니다. 뜨개질할 때 손에 들어가는 힘의 차이나 솜을 어떻게 채우느냐에 따라 완성 모습이 달라집니다. 마음에 드는 스타일을 찾아보세요.

각 부위를 뜹니다

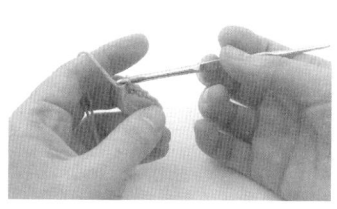

1. 원을 만들고, 짧은뜨기를 1단의 콧수만큼 뜹니다.

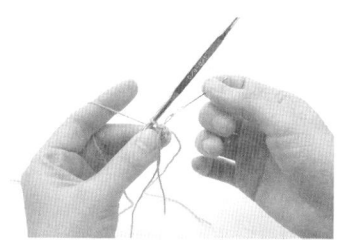

2. 단수를 세기 쉽도록, 돗바늘에 털실을 꿰어 표시를 합니다.

3. 늘림코를 하면서 빙글빙글 떠 나갑니다.

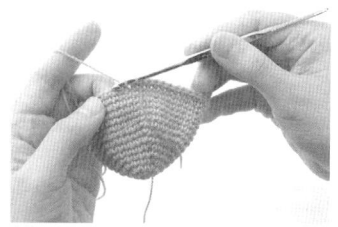

4. 늘림코가 끝났으면, 줄임코를 합니다.

빨리 좀 만들어~

속을 채웁니다

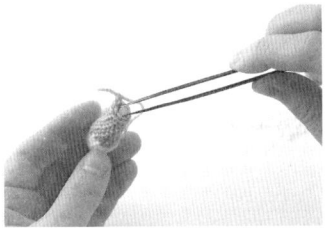

5. 머리와 몸통을 떴으면, 6단부터 색상을 바꾸어 팔을 뜹니다. 팔은 가늘기 때문에 도중에 펠릿을 손의 둥근 부분에 넣습니다.

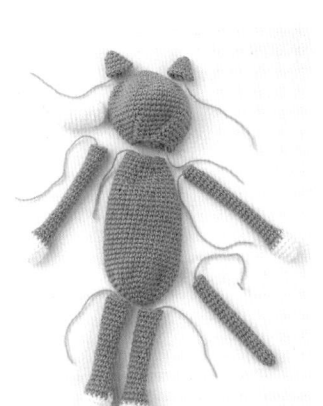

6. 모든 부분이 완성되었습니다.

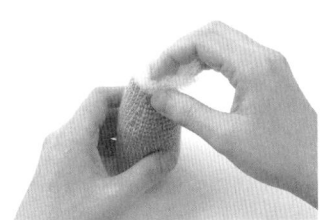

7. 몸통에 먼저 펠릿을 3분의 1 정도 채운 다음, 솜을 넣습니다. 펠릿은 팔과 다리에도 넣습니다(팔과 다리에는 솜을 넣지 않습니다). 머리, 입 부분에는 솜만 넣고, 꼬리에는 아무것도 넣지 않습니다.

임시로 고정해 봅니다

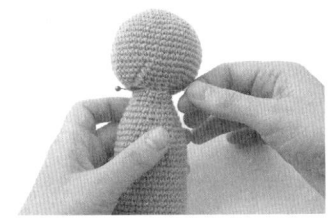

8. 균형을 봐 가며 머리와 몸통을 시침핀으로 임시 고정합니다.

9. 모든 부위를 시침핀으로 임시 고정합니다. 다리와 꼬리는 앉히는 데 방해가 되지 않는 곳에 답니다. 팔은 옆면 정중앙이나 뒤쪽으로 약간 치우치게 하여, 몸통의 가장 끝 단의 전 단 정도의 위치에 답니다.

솜을 채우는 법

예쁘게 모양이 잡혀 만졌을 때 부드럽고, 약간 힘이 빠진 느낌이 나면 OK.

홀쭉

솜이 적으면, 머리와 배가 우그러져 모양이 잘 나오지 않습니다.

빵빵

솜을 너무 많이 넣으면, 자세는 좋지만 자연스러운 고양이 등 모양이 나오지 않아, 편히 앉은 자세를 하기 힘듭니다.

얼굴을 만듭니다

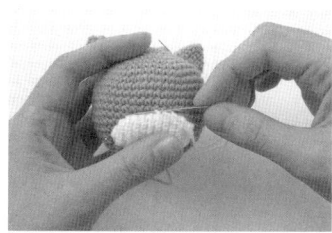

10. 돗바늘을 사용하여, 머리에 귀를
달고(저는 조금 뒤쪽으로 치우치게 답
니다) 입 부분을 꿰매어 답니다.

11. 펠트로 코를 아플리케 하고, 자수실
이나 털실로 입, 눈, 눈썹을 수놓습니다.
자수실은 매듭을 지어 머리의 솜으로
바늘을 넣어 얼굴로 빼고, 자수를 마치
면 다시 솜 안을 통과시켜 빼내, 매듭을
짓고 실을 자릅니다.

연결합니다

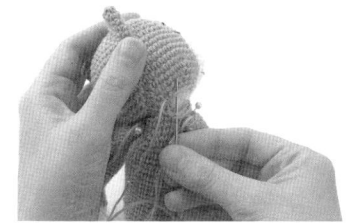

12. 돗바늘로 머리와 몸통을 꿰맵니다.
머리와 몸통은 마지막 단의 콧수가 같
으므로 1코씩 꼼꼼히 감칩니다.

13. 팔을 답니다. 마찬가지로 다리, 꼬
리를 답니다.

이름을 지어 주면 완성!
기념 사진을 찍고 귀여워해 주세요.

아미네코 기념 촬영

자, 찍습니다.
하나 둘 셋!

전원 집합하여

코티지

코티지는 솜을 아주 좋아해요.

몇 시간 후

코티지:「와~, 와~」

거대한 동생이 생긴 아오는 행복합니다.
하지만….

코티지:「이 안에도 솜이 잔뜩 들어 있어.」

아오:「어, 그러고 보니…」

코티지:「굉장해, 들어가 보고 싶다….」

아오:「조금 전까지 여기서 놀던 코티지는
어디로 갔지?」

58

아오:「이상하네~」

아오:「코티지 어디 갔는지 몰라?」

아오:「설마…솜 안에 들어갔다가 그대로….」

큰일 났다!

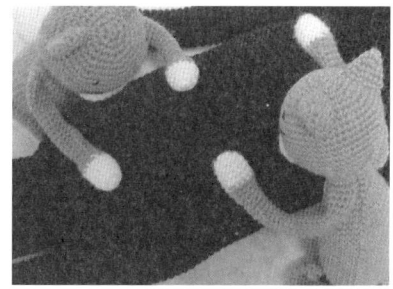

아오:「이봐, 이봐, 괜찮아~? 거기 있어?」
미도리 :「대답해 봐, 코티지~!」

코티지:「아, 야단났다.」

코티지:「솜 몰래 빼낸 거 들켜 버렸어….
엄청 혼날 텐데, 어쩌지….」
아오:「코티지~, 코티지~~! 코티지~~~!!」

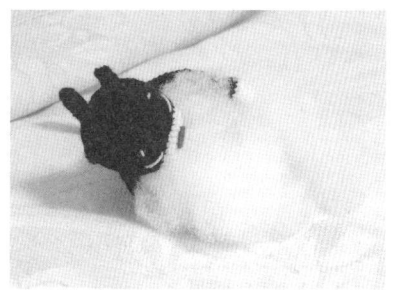

코티지, 움직일 수가 없어요….

전철

아오: 「오늘도 보러 왔어!」

아오: 「빨리 전철 오면 좋겠다~ 아! 왔다!」

아오: 「전철이다! 야마노테 선*이라니~ 굉장하다, 굉장해!!」

아오: 「다른 전철도 줄줄이 왔다! 우와, 대단해~」

다음 날, 전철역 벤치에 아오가 있다.

난간 미끄럼

코테: 「야호~!!」

착지 실패.

코테: 「휴, 깜짝 놀랐네. 진짜 빨라!!」

*야마노테 선: 도쿄 중앙부를 순환하는 전철 노선

60

잠깐의 휴식

어.

좁아서 앉을 수가 없다고.

이쪽 넓은 데로 옮겨서 앉자.

걷기

달리기

어.

또 떨어졌다고.

61

천의 얼굴을 지닌 아미네코

눈썹이 눈꼬리 쪽에 있다

눈 사이가 멀다	보통	가깝다	
			눈의 위치가 위
			중간
			아래

눈싸움

눈싸움 하자, 아푸푸~

웃으면 지는 거야, 아푸푸~

아미네코의 얼굴은 눈과 눈썹의 위치에 따라, 표정을 얼마든지 표현할 수 있습니다.
다양하게 만들어서 마음에 드는 표정을 찾아보세요.

눈썹이 눈머리 쪽에 있다

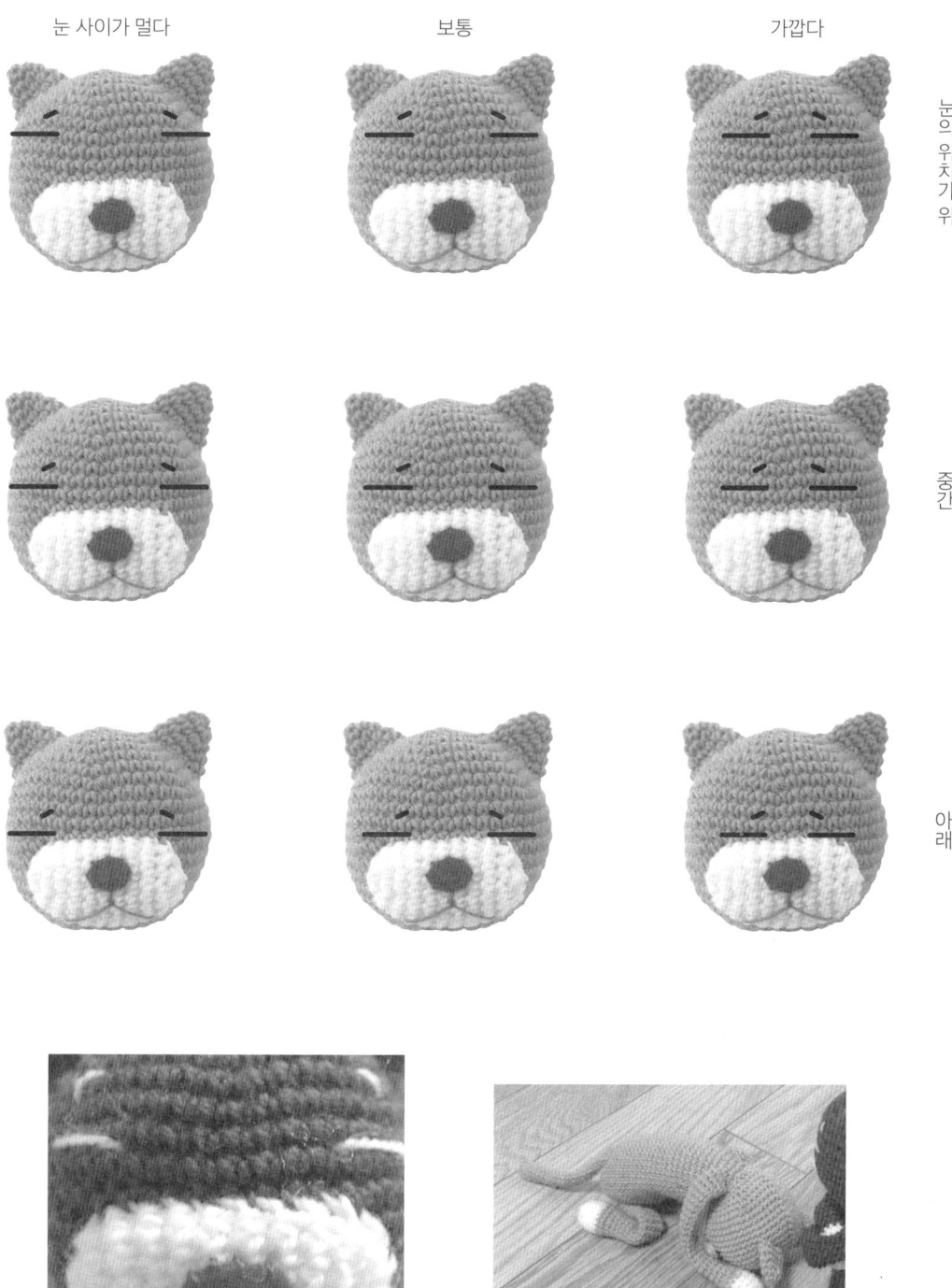

옷으면 지는 거야, 아푸….

아오: 「와하하~ 졌어요.」

2배 크기의 도안으로 떠 보아요

키가 보통 사이즈의 2배가 되는 큰 사이즈의 아미네코입니다.
자그마한 어린이라면 가슴에 안기 딱 좋습니다. 옆으로 나란히 앉으면 친구 같아요!

만드는 법은 보통 사이즈와 같습니다. 털실은 보통 사이즈의 4배가 필요합니다. 굵은 실로 뜨면 더 크게 완성됩니다. 콧수를 세는 것이 힘들기 때문에 단마다 표시를 해두면 좋습니다. 크기 때문에 빡빡하게 뜨더라도 자세는 잡을 수 있습니다. 솜도 탄탄히 채워 넣습니다. 팔이나 다리에도 납작해지지 않을 정도로 솜을 넣으면 좋습니다. 충전물은 펠릿보다 무겁지 않아야 뜨개지가 늘어나지 않으니 유의하세요.

기초코는 실로 원을 만들어 만듭니다. 「○번, 늘림(줄임)코 1번」은 짧은뜨기를 ○번 뜨고 나서 1번 늘림(줄임)코 하는 것을 반복한다는 의미입니다. 늘림코는 「짧은뜨기 2코 늘려뜨기」, 줄임코는 「짧은뜨기 2코 모아뜨기」, 증감 없음은 「보통의 짧은뜨기로 전부 뜨기」입니다.

머리 (1장)

단	콧수	메모
1	6	기초코를 만들고, 짧은뜨기 6코를 뜬다.
2	12	늘림코를 6번 한다.
3	18	1번, 늘림코 1번
4	24	2번, 늘림코 1번
5	30	3번, 늘림코 1번
6	36	4번, 늘림코 1번
7	42	5번, 늘림코 1번
8	48	6번, 늘림코 1번
9	54	7번, 늘림코 1번
10	60	8번, 늘림코 1번
11	66	9번, 늘림코 1번
12	72	10번, 늘림코 1번
13	78	11번, 늘림코 1번
14	84	12번, 늘림코 1번
15	90	13번, 늘림코 1번
16	96	14번, 늘림코 1번
17~30	96	증감 없음.
31	90	14번, 줄임코 1번
32	84	13번, 줄인코 1번
33	78	12번, 줄임코 1번
34	72	11번, 줄임코 1번
35	66	10번, 줄임코 1번
36	60	9번, 줄임코 1번
37	54	8번, 줄임코 1번
38	48	7번, 줄임코 1번
39	42	6번, 줄임코 1번
40	36	5번, 줄임코 1번

몸통 (1장)

단	콧수	메모
1	6	기초코를 만들고, 짧은뜨기 6코를 뜬다.
2	12	늘림코를 6번 한다.
3	18	1번, 늘림코 1번
4	24	2번, 늘림코 1번
5	30	3번, 늘림코 1번
6	36	4번, 늘림코 1번
7	42	5번, 늘림코 1번
8	48	6번, 늘림코 1번
9	54	7번, 늘림코 1번
10	60	8번, 늘림코 1번
11	66	9번, 늘림코 1번
12	72	10번, 늘림코 1번
13~46	72	증감 없음.
47	66	10번, 줄임코 1번
48~49	66	증감 없음.
50	60	9번, 줄임코 1번
51~52	60	증감 없음.
53	54	8번, 줄임코 1번
54~55	54	증감 없음.
56	48	7번, 줄임코 1번
57~58	48	증감 없음.
59	42	6번, 줄임코 1번
60~61	42	증감 없음.
62	36	5번, 줄임코 1번
63~64	36	증감 없음.

입 부분 (1장)

단	콧수	메모
1	7	기초코를 만들고, 짧은뜨기 7코를 뜬다.
2	14	늘림코를 7번 한다.
3	21	1번, 늘림코 1번
4	28	2번, 늘림코 1번
5~19	28	증감 없음.
20	21	2번, 늘림코 1번

※ 여기쯤에서 솜을 넣는다.

| 21 | 14 | 1번, 줄임코 1번 |
| 22 | 4 | 3코 모아뜨기, 4코 모아뜨기, 4코 모아뜨기, 3코 모아뜨기 |

다리 (2장)

단	콧수	메모
1	6	기초코를 만들고, 짧은뜨기 6코를 뜬다.
2	12	늘림코를 6번 한다.
3	18	1번, 늘림코 1번
4	24	2번, 늘림코 1번
5	27	7번, 늘림코 1번
6	30	8번, 늘림코 1번
7~15	30	증감 없음.
16	30	1번, 줄임코 1번
17~48	30	증감 없음.

※ 10단을 뜨고 나서, 털실의 색상을 바꾼다.

팔 (2장)

단	콧수	메모
1	6	기초코를 만들고, 짧은뜨기 6코를 뜬다.
2	12	늘림코를 6번 한다.
3	18	1번, 늘림코 1번
4	24	2번, 늘림코 1번
5~13	24	증감 없음.
14	16	1번, 줄임코 1번
15~56	16	증감 없음.

※ 10단을 뜨고 나서, 털실의 색상을 바꾼다.

꼬리 (1장)

단	콧수	메모
1	6	기초코를 만들고, 짧은뜨기 6코를 뜬다.
2	12	늘림코를 6번 한다.
3	16	2번, 늘림코 1번
4~44	16	증감 없음.

귀 (2장)

단	콧수	메모
1	4	기초코를 만들고, 짧은뜨기 4코를 뜬다.
2	8	늘림코를 4번 한다.
3	12	1번, 늘림코 1번
4	16	2번, 늘림코 1번
5	18	7번, 늘림코 1번
6	20	8번, 늘림코 1번
7	22	9번, 늘림코 1번
8	24	10번, 늘림코 1번
9	26	11번, 늘림코 1번
10	28	12번, 늘림코 1번

※ 다음 페이지의 아미네코는 한쪽 귀의 7단과 9단을 다른 색상의 털실로 바꾸어 뜬다.

아직 멀었어?

으악!!

빨리 좀 커져라~

왼쪽은 합세사를 사용하여 2배 뜨개 도안으로,
오른쪽은 극세사를 보통 뜨개 도안으로 떴습니다.

빨리 좀 작아져라~

아미네코를 만들기 위해 준비할 것들

털실

만져 봐서 '아, 기분 좋다' 하고 생각되는 실이나 자신이 좋아하는 색깔, 보고 있으면 마음이 안정되는 색깔을 골라 주세요. 메리노 울이 섞인 실은 감촉이 좋아서 기분이 온화해집니다. 초보자는 특수사보다는 일반 스트레이트사를 사용하는 편이 뜨기 쉽습니다.

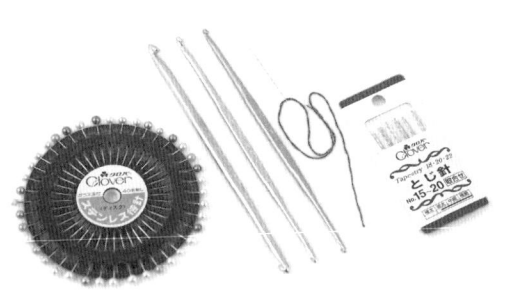

코바늘과 돗바늘, 시침핀, 자수용 바늘

털실 포장에 적혀 있는 코바늘의 호수는 어디까지나 대략적인 기준입니다. 뜨개질할 때 손의 힘은 사람마다 다르니 시험 삼아 떠 본 다음, 적당한 호수를 찾아 주세요. 저는 꽤 빡빡하게 뜨는 버릇이 있어서, 합세사를 6호 코바늘로 뜹니다.

펠릿

수예점에서 봉제 인형용으로 준비합니다. 엉덩이와 팔다리 끝에 넣으면 무게감을 줍니다. 어린 아이가 있다면 뜨개코에서 빠져나오지 않도록 하고 삼키지 않게 주의하세요. 스타킹으로 만든 주머니에 넣어 사용하면 안심할 수 있습니다. 펠릿 대신 작은 돌, 비비탄, 구슬 등을 사용할 수 있습니다.

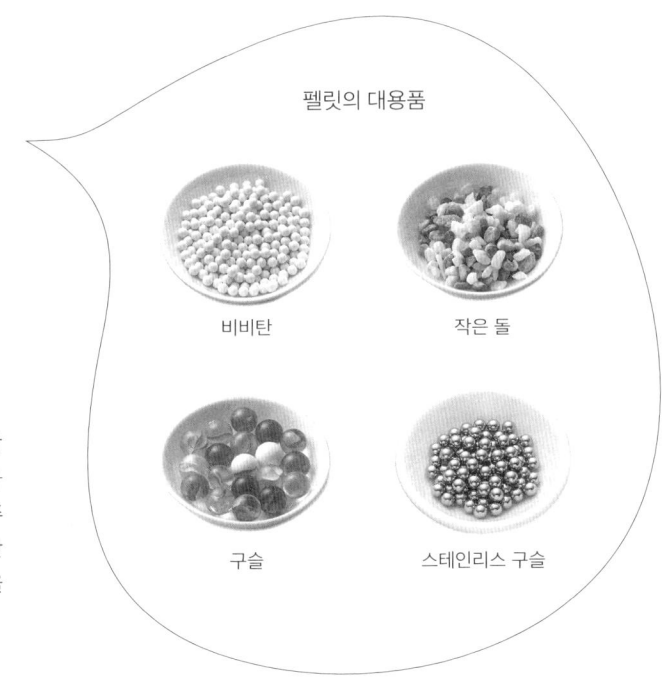

펠릿의 대용품

비비탄

작은 돌

구슬

스테인리스 구슬

화학솜(폴리솜)

수예점에서 봉제 인형용 솜을 구입
합니다. 솜으로 모양을 잡으며 채워
넣는데, 너무 많이 넣으면 털실이
늘어나니 주의해 주세요.

자수실

눈이나 눈썹, 입을 수놓을 때 사용
합니다. 광택이 없는 것을 원하면,
가는 털실을 사용해도 좋습니다.

펠트

코를 만듭니다. 취향에 따라 눈이
며 혀 등에 사용해도 재미있습니다.
단, 잘 드는 가위를 사용하지 않으
면 절단면이 너덜너덜해집니다.

소품을 만들 때는

천

방석, 이부자리, 옷 등을 만들 때 사
용합니다.

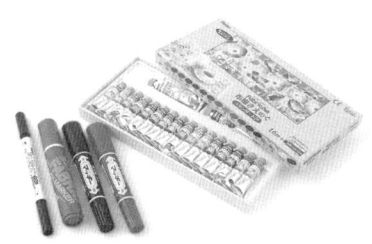

패브릭용 물감, 펜

천에 마음대로 무늬를 넣어, 나만의
작품을 만들 수 있습니다.

다양한 무늬의 뜨개 도안

뜨는 도중에 털실의 색상을 바꾸면, 여러 가지 무늬를 넣을 수 있습니다.
일러스트 안의 숫자는 색상을 바꾸는 단수입니다.

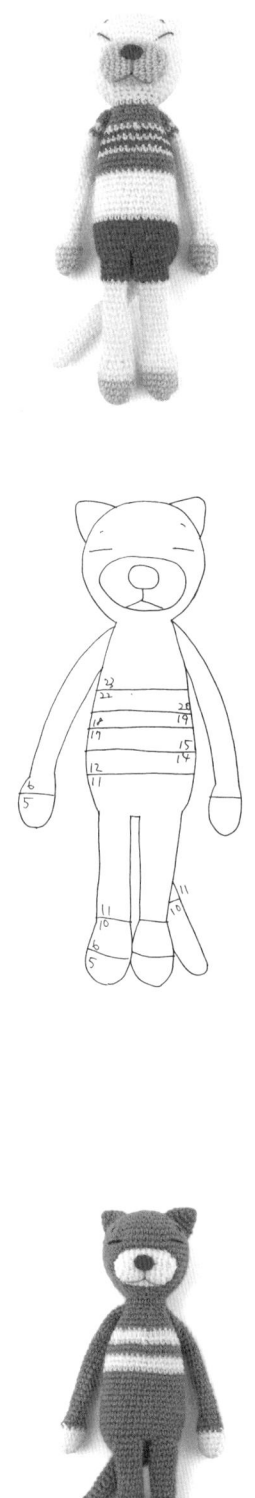

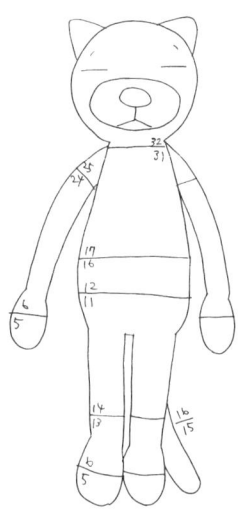

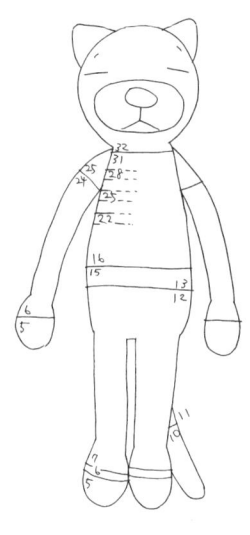

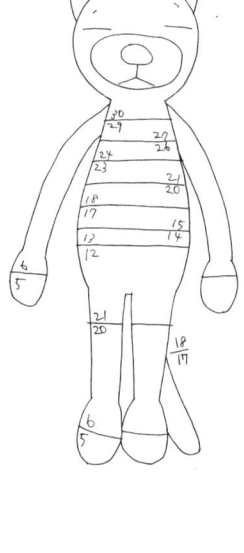

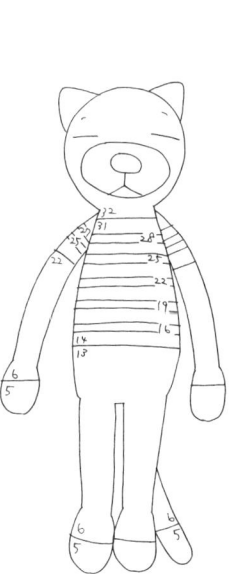

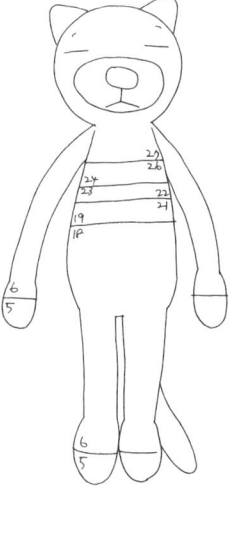

이불과 방석 만드는 법

이불과 방석은 조금 큼직하게 만들면 아미네코가 더 귀엽게 보입니다.

이불

요

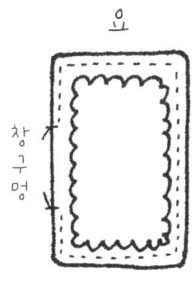

창구멍

① 네모난 천 2장을 겉면이 마주 보게 겹쳐 둘레를 바느질한다.

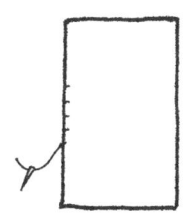

② 화학솜을 겹쳐 겉이 바깥으로 나오 도록 뒤집은 다음, 창구멍을 막는다.

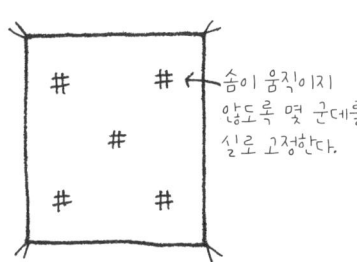

솜이 움직이지 않도록 몇 군데를 실로 고정한다.

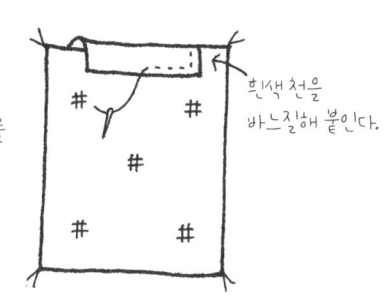

흰색 천을 바느질해 붙인다.

이불도 요와 마찬가지로 화학솜을 넣어서 만든다.

베개

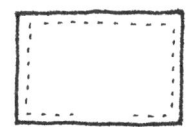

① 네모난 천 2장을 겉면이 마주보게 겹쳐 둘레를 바느 질한 다음, 겉으로 뒤집는다.

② 펠릿을 넣고 창구멍을 막는다.

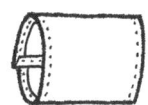

흰색 천으로 커버를 만든다.

Z Z Z

방석

① 네모난 천 2장을 걸면이 마주보게 겹쳐 둘레를 바느질한다.

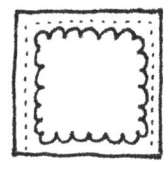

② 화학솜을 네모나게 깐다.

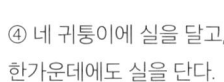

③ 솜이 움직이지 않도록 누르면서 겉으로 뒤집고, 남은 한 면을 바느질해 막는다.

④ 네 귀퉁이에 실을 달고, 한가운데에도 실을 단다.

실을 매듭지은 뒤 자른다.

오징어 방석

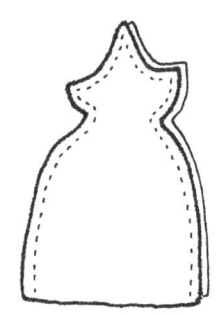

① 몸통 2장을 걸면이 마주보게 겹쳐 바느질한 다음, 겉으로 뒤집는다.

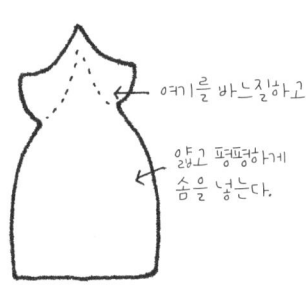

여기를 바느질하고

얇고 평평하게 솜을 넣는다.

② 귀를 바느질하고 솜을 넣는다.

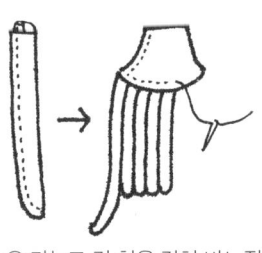

③ 가늘고 긴 천을 겹쳐 바느질하여 다리를 10개 만들고, 다리가 시작되는 부분에 다리를 끼워 넣고 바느질한다.

④ 마지막으로 몸통에 ③을 끼워 바느질한다.

주머니는 취향에 따라

물고기 베개

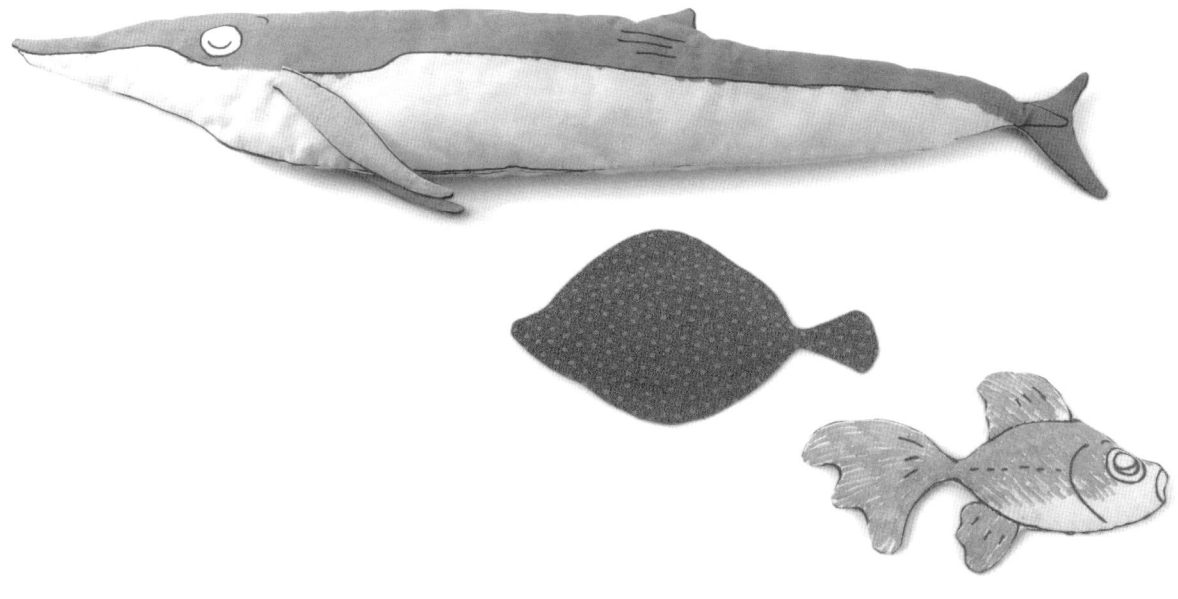

① 물고기 모양으로 자른 천 2장을
겉면이 마주보게 겹쳐, 둘레를 바
느질한다.

② 겉으로 뒤집어 솜을 넣고,
창구멍을 막는다.

금붕어는 이 부분을
창구멍으로 쓰면
뒤집기가 쉽다.

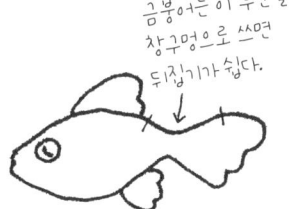

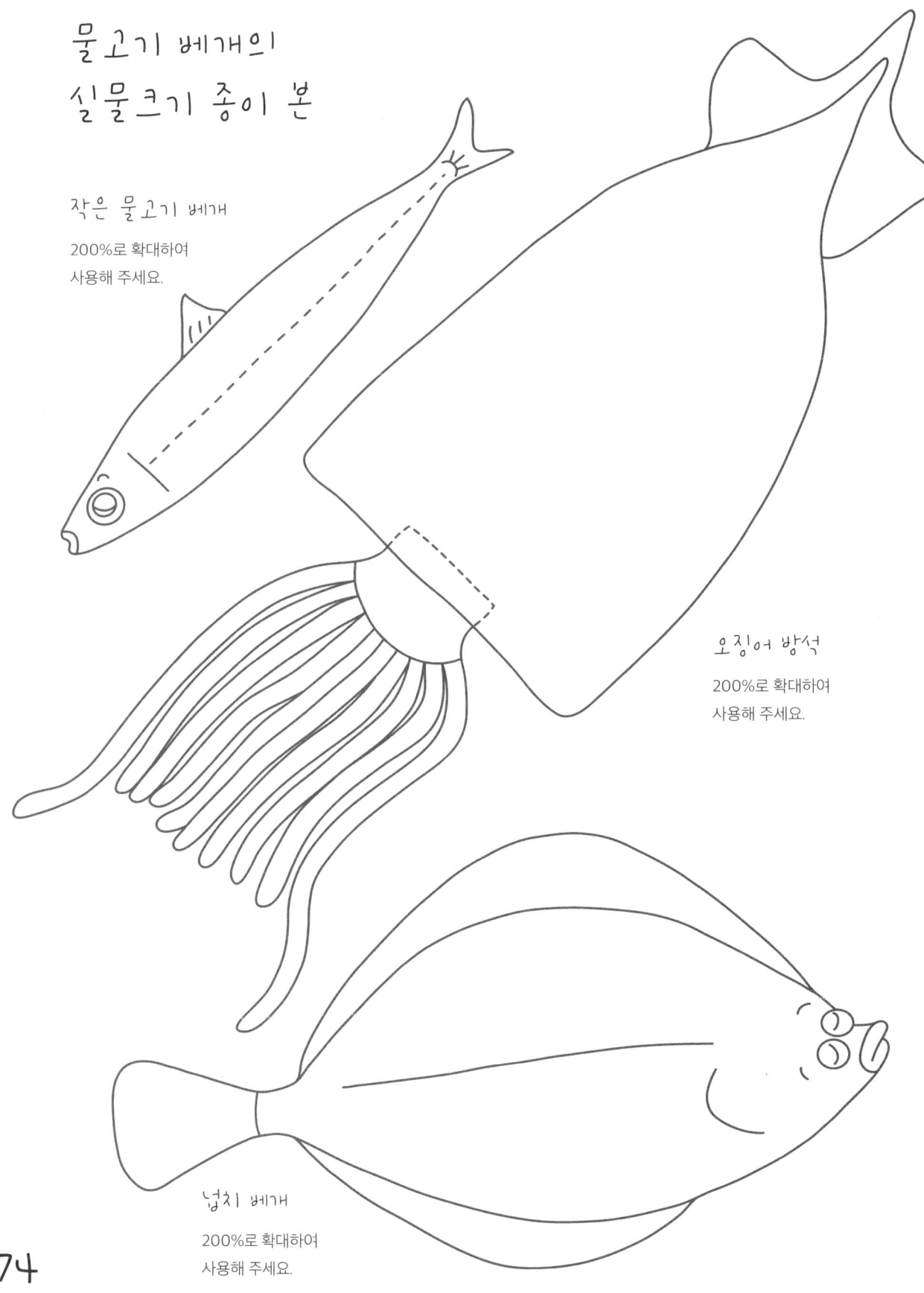

물고기 베개의
실물크기 종이 본

작은 물고기 베개
200%로 확대하여
사용해 주세요.

오징어 방석
200%로 확대하여
사용해 주세요.

넙치 베개
200%로 확대하여
사용해 주세요.

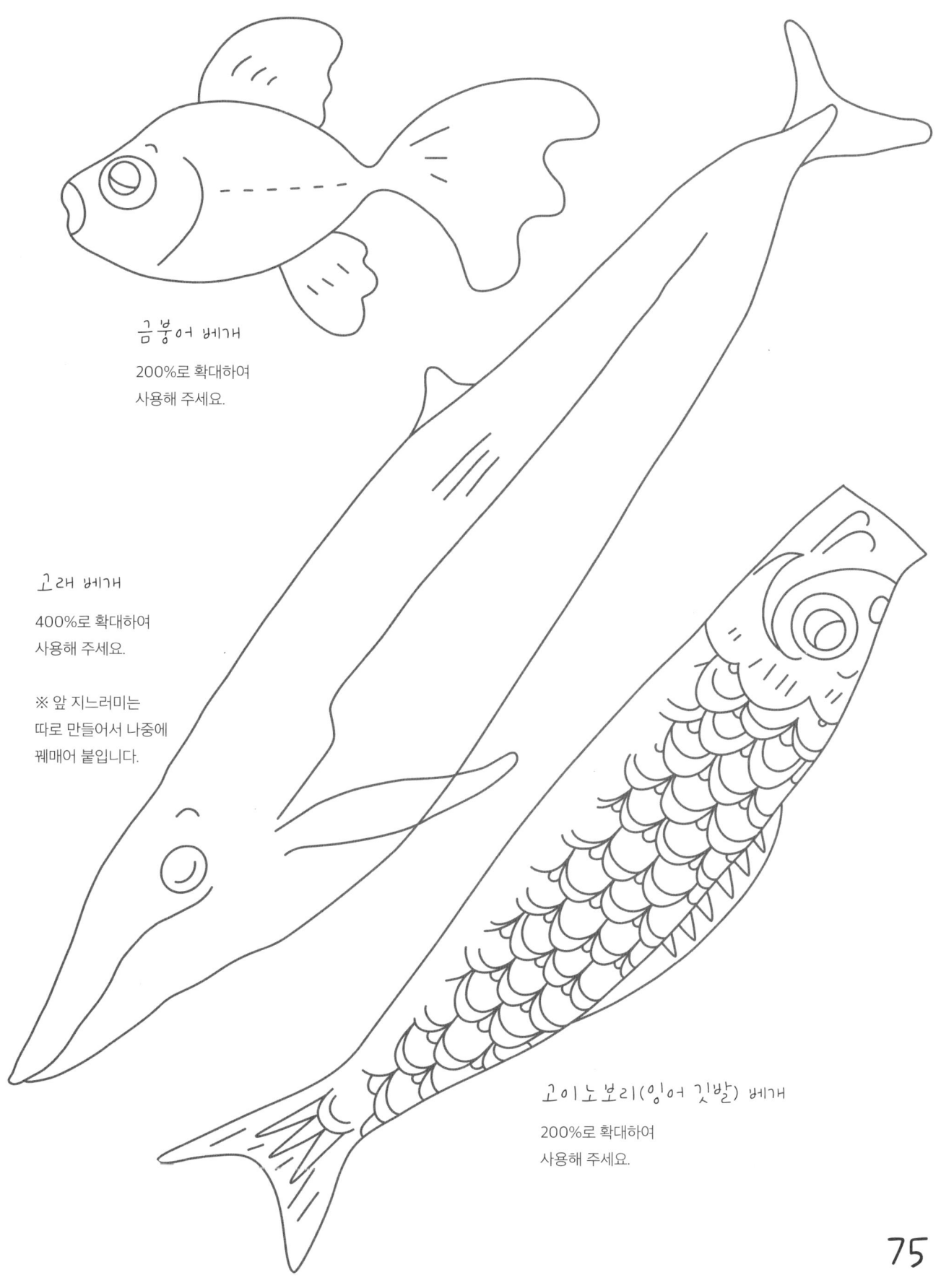

금붕어 베개

200%로 확대하여
사용해 주세요.

고래 베개

400%로 확대하여
사용해 주세요.

※ 앞 지느러미는
따로 만들어서 나중에
꿰매어 붙입니다.

고이노보리(잉어 깃발) 베개

200%로 확대하여
사용해 주세요.

옷 만드는 법

※ 실물 크기 종이 본은 200%로 확대하여 사용해 주세요.
시접은 필요한 만큼 더하여 천을 재단해 주세요.

원피스

판의 한쪽에는 똑딱이 단추를 달 만큼의 안단 부분을 더하여 천을 재단한다. 진동 둘레, 목둘레는 작아서 마무리하기 까다로우므로, 뒷면에 접착심을 붙인다.

원피스 실물 크기 옷본(200%로 확대)

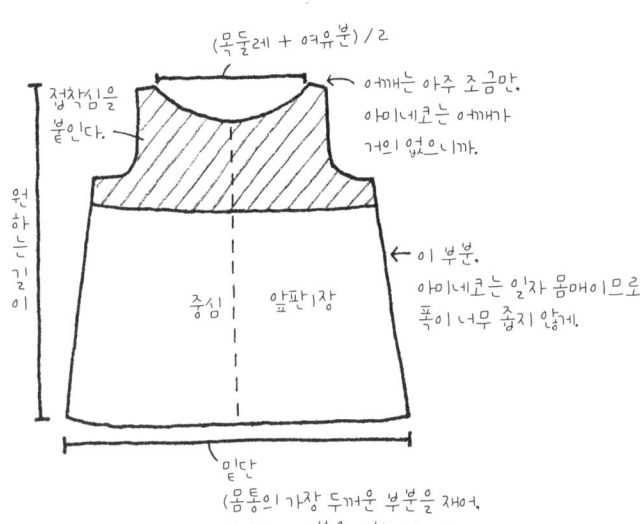

(목둘레 + 여유분) / 2

접착심을 붙인다.

어깨는 아주 조금만. 아미네코는 어깨가 거의 없으니까.

원하는 길이

중심 · 앞판 1장

이 부분. 아미네코는 일자 몸매이므로 폭이 너무 좁지 않게.

밑단
(몸통의 가장 두꺼운 부분을 재어, 넉넉히 여유분을 더한 수치의 1/2)

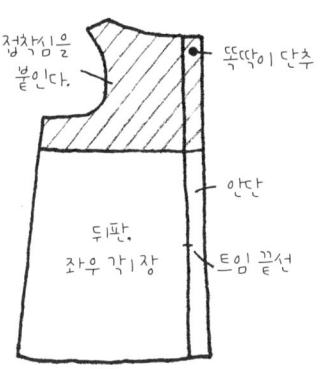

접착심을 붙인다.

똑딱이 단추

안단

뒤판. 좌우 각 1장

트임 끝선

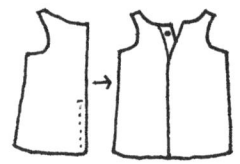

① 뒤판을 겉면끼리 맞대어, 중심을 트임 부분까지 박음질하고 똑딱이 단추를 단다.

② 앞판과 ①을 겉면끼리 맞대어 옆선, 어깨를 박음질하고, 밑단을 처리하여 겉으로 뒤집는다.

속바지

허리와 바지 밑단에 고무줄을 넣어야 하므로,
시접을 넉넉히 두고 천을 재단한다.

속바지 실물 크기 옷본(200%로 확대)

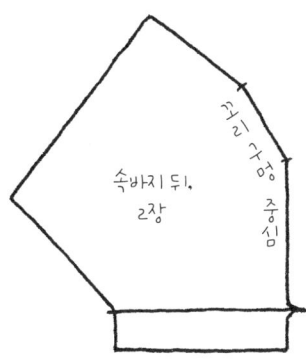

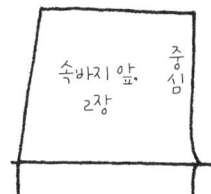

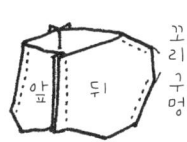

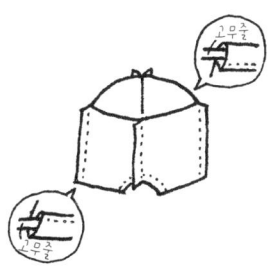

① 속바지 앞판과 뒤판을 각각 겉
면끼리 마주보게 겹쳐, 중심을 바
느질한다. 꼬리 구멍과 가랑이는
바느질하지 않고 그대로 둔다. 앞
과 뒤를 겉면이 마주보게 겹친 다
음, 양 옆선을 바느질한다.

② 가랑이를 바느질하고,
허리와 바지 밑단에 고무
줄을 끼운다.

수영 팬티

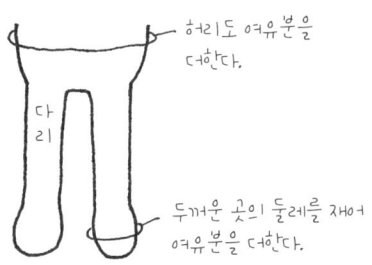

허리도 여유분을 더한다.

다리

두꺼운 곳의 둘레를 재어 여유분을 더한다.

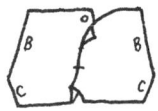

① 팬티 앞판 한쪽에 똑딱이 단추를 달 만큼의 안단 분량을 더하여 천을 재단하고, 팬티 앞판의 중심을 바느질한다.

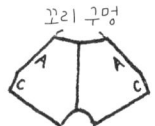

꼬리 구멍

② 바닥의 중심을 바느질한다.

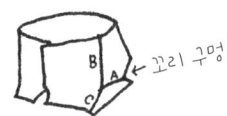

꼬리 구멍

옆 부분의 라인

자수실 6겹
1겹으로 고정한다.

⑤ 팬티 앞판과 ③의 B끼리 맞추어 바느질하고, 다시 C의 부분을 맞추어 바느질한다. 앞과 바닥의 가랑이 부분도 맞추어 바느질한다. 똑딱이 단추를 달고 시접을 정리한다. 자수실로 옆 부분에 라인을 넣는다.

중심

③ 엉덩이의 중심을 바느질한다.

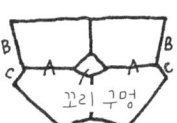

꼬리 구멍

④ 바닥과 엉덩이의 A끼리 맞추어 바느질한다.

수영 팬티 실물 크기 옷본(200%로 확대)

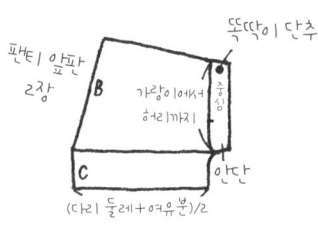

팬티 앞판 2장

똑딱이 단추

가랑이에서 허리까지

중심

안단

(다리 둘레+여유분)/2

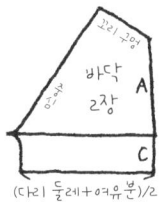

꼬리 구멍

바닥 2장

(다리 둘레+여유분)/2

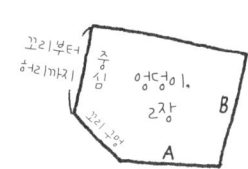

꼬리부터 허리까지

중심

엉덩이 2장

꼬리 구멍

78

도롱이벌레 주머니

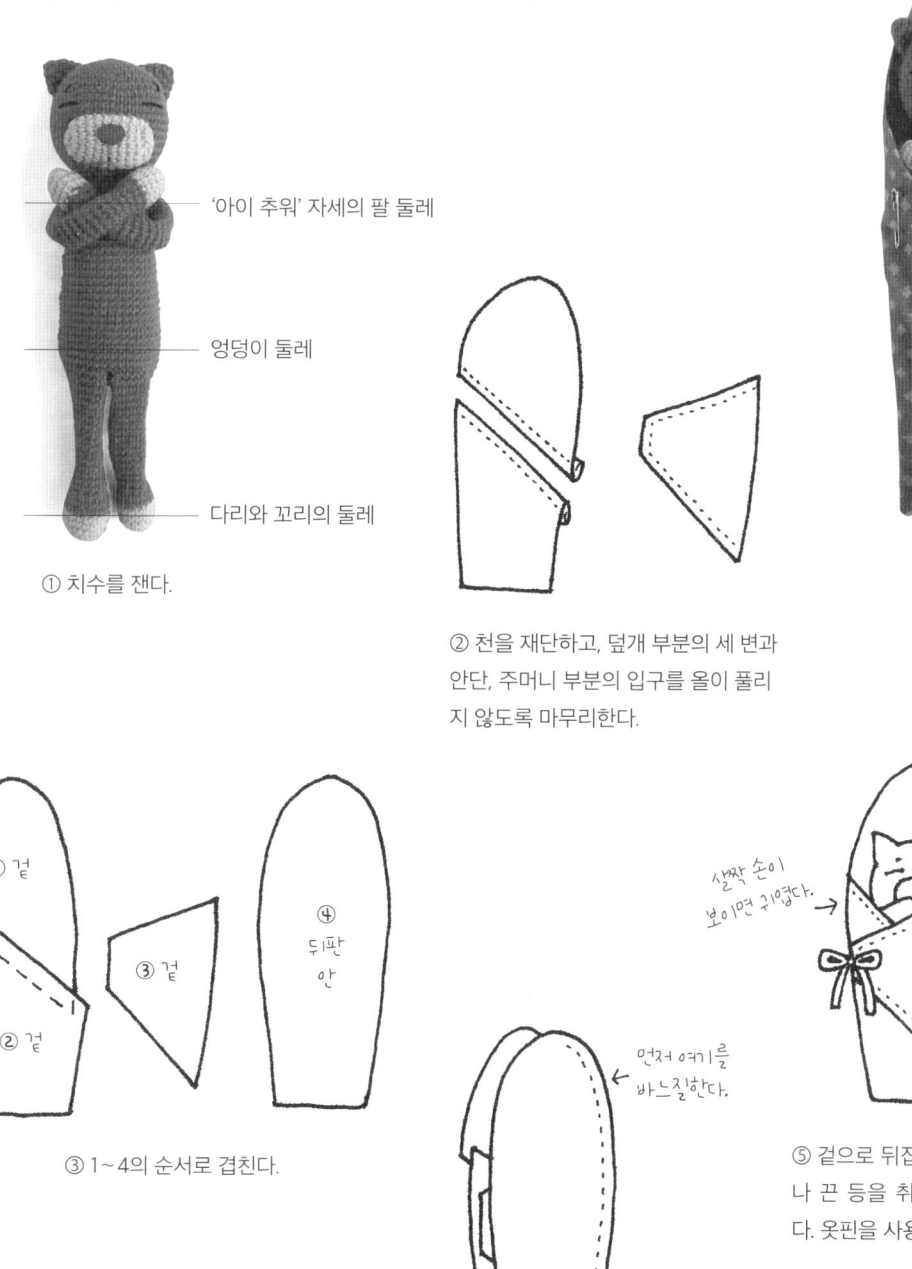

‘아이 추워’ 자세의 팔 둘레

엉덩이 둘레

다리와 꼬리의 둘레

① 치수를 잰다.

② 천을 재단하고, 덮개 부분의 세 변과
안단, 주머니 부분의 입구를 올이 풀리
지 않도록 마무리한다.

① 겉

② 겉

③ 겉

④ 뒤판 안

③ 1~4의 순서로 겹친다.

먼저 여기를 바느질한다.

④ 덮개의 짧은 변을 같이 꿰매지
않도록 주의하며 둘레를 바느질한다.

살짝 손이 보이면 귀엽다.

⑤ 겉으로 뒤집어, 똑딱이 단추
나 끈 등을 취향에 따라 붙인
다. 옷핀을 사용하면 편하다.

79

도롱이벌레 주머니 실물 크기 옷본(200%로 확대)

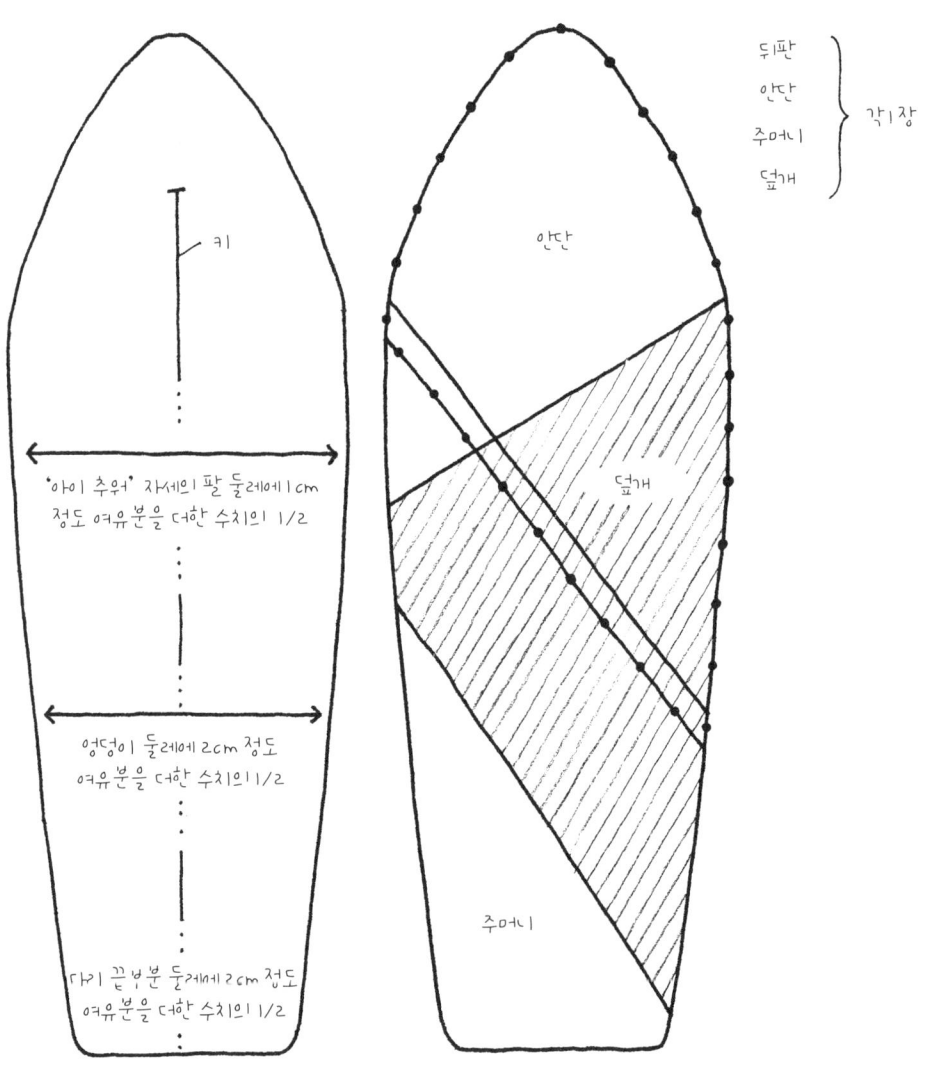

키

"아이 추워" 자세의 팔 둘레에 1cm
정도 여유분을 더한 수치의 1/2

엉덩이 둘레에 2cm 정도
여유분을 더한 수치의 1/2

다리 끝부분 둘레에 2cm 정도
여유분을 더한 수치의 1/2

뒤판
안단
주머니
덮개

각1장

안단

덮개

주머니

뜨개법의 기본

아미네코를 만드는 데 필요한 뜨개법의 해설입니다.
한 번 익히고 나면 그 다음은 술술 뜰 수 있답니다. 힘내세요!

실 거는 법과 코바늘 쥐는 법

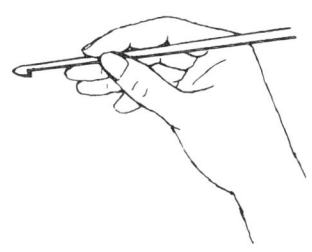

코바늘 쥐는 법 (오른손)
바늘 끝의 갈고리가 있는 쪽을 앞으
로 하여, 엄지손가락과 집게손가락
으로 잡고 가운뎃손가락으로 받칩
니다.

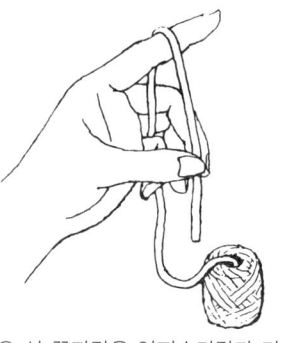

② 실 끝자락을 엄지손가락과 가
운뎃손가락으로 잡고, 집게손가락
을 세워 실을 팽팽하게 폅니다.

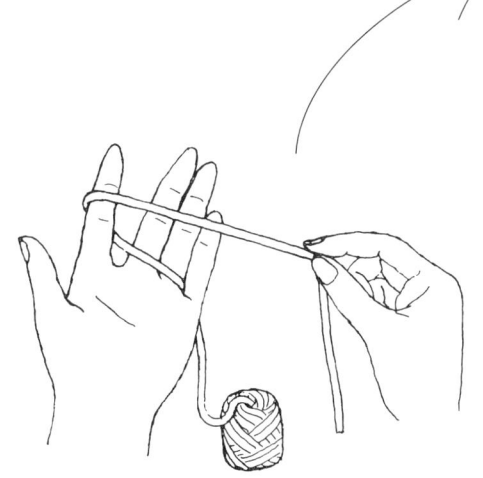

실 거는 법 (왼손)
① 실 끝자락을 새끼손가락과 넷째 손가락 사
이에 끼워 앞으로 빼낸 다음, 집게손가락에 뒤
에서 앞으로 걸어 앞쪽으로 뺍니다.

짧은뜨기 뜨는 법

실로 원을 만들어 기초코를 만든 다음, 짧은뜨기를 빙글빙글 원형으로 뜨는 방법입니다.

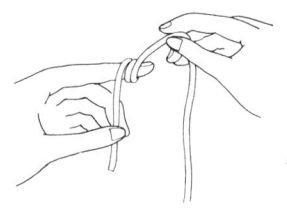

① 실 끝자락을 왼손 엄지손가락과 가운뎃손가락으로 잡고, 집게손가락에 실을 2번 감습니다.

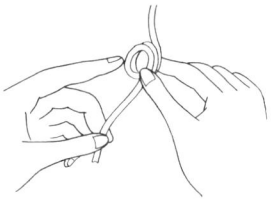

② 오른손으로 원을 손가락에서 뺍니다.

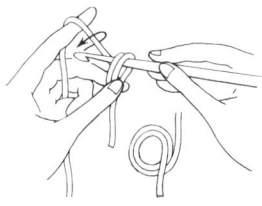

③ 원을 왼손으로 바꿔 잡고 실을 집게손가락에 건 뒤, 바늘을 원 안으로 넣어서 실을 걸어 뺍니다.

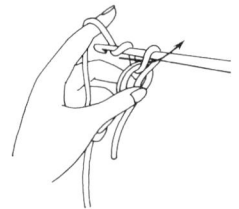

④ 다시 한 번 바늘에 실을 걸고 화살표와 같이 빼내, 사슬을 1코 뜹니다.

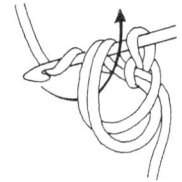

⑤ 그 다음은 짧은뜨기를 뜹니다. 우선 원 안에 바늘을 넣고, 실을 걸어 뺍니다.

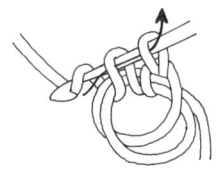

⑥ 다시 바늘에 실을 걸어 화살표와 같이 2개의 루프를 한 번에 뺍니다.

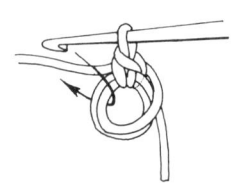

⑦ 이것으로 짧은뜨기 1코를 떴습니다. ⑤, ⑥을 반복하여 지정한 콧수만큼 뜹니다.

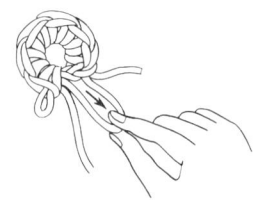

⑧ 지정 콧수의 짧은뜨기를 떴으면 일단 바늘을 빼고, 처음에 만들었던 원의 안쪽 실을 당겨 원을 조입니다.

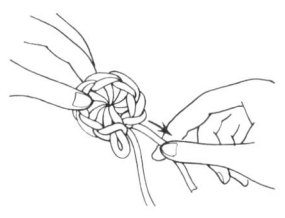

⑨ 실 끝자락을 당겨 원을 조입니다.

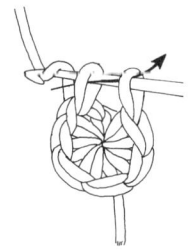

⑩ 건 실을 당겨 뺍니다. 다시 실을 걸어 2개의 루프를 한 번에 빼내, 짧은뜨기를 뜹니다.

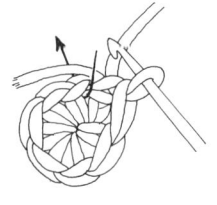

⑪ 첫 번째 코 완성입니다. 두 번째 코부터는 기초코의 실 끝자락을 감싸면서 뜹니다.

※ 기둥코를 만들 때 단이 끝날 때는 뜨개 시작의 짧은뜨기 머리에 바늘을 넣고, 실을 걸어 한 번에 뺍니다.

82

짧은뜨기 2코 모아뜨기

(1코 줄이기)

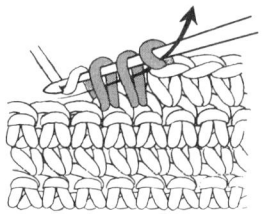

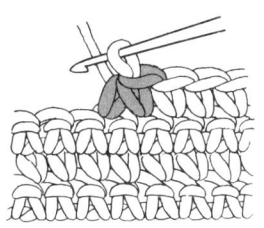

짧은뜨기 2코 늘려뜨기

(1코 늘리기)

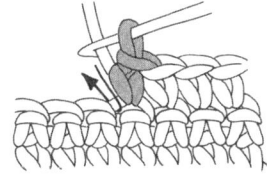

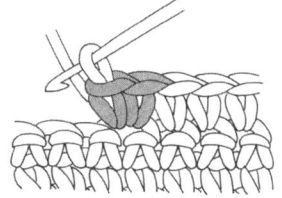

빼뜨기

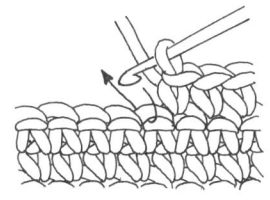

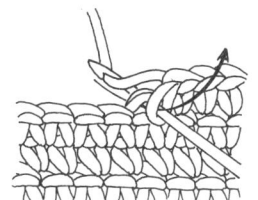

※ 그림은 왕복뜨기의 경우로, 뒷면이 그려져 있습니다.

알아두면 좋은 테크닉

배색실 바꾸기

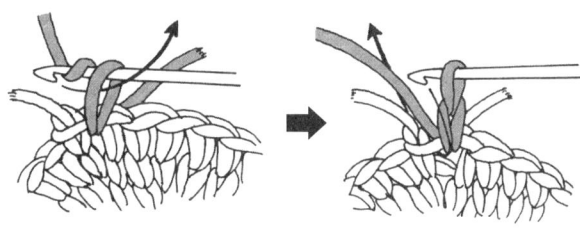

지정한 단에서 빼뜨기를 하고 실을 자릅니다. 같은 코에 바늘을 넣고 배색실을 걸어 뺀 다음, 기둥코 사슬을 1코 뜹니다. 같은 코에 바늘을 넣고 짧은뜨기를 뜹니다.

잇는 법(감침질)

서로 이을 것을 맞대어 놓고, 각각의 짧은뜨기 머리의 사슬코 2가닥을 한꺼번에 돗바늘로 떠서 잇습니다.

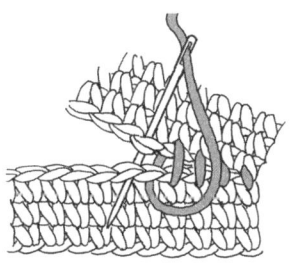

기둥코 세우기

배색실을 바꾸어 줄무늬를 만들고 싶을 때, 줄무늬가 일그러지지 않습니다.

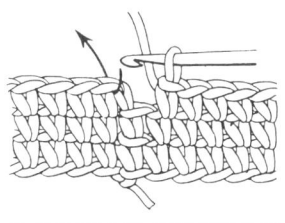

① 단이 끝날 때, 뜨개 시작의 짧은뜨기 머리에 바늘을 넣고 실을 걸어 뺍니다.

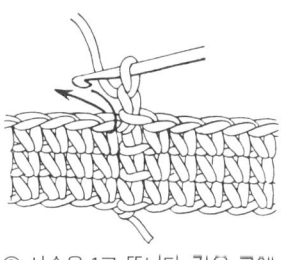

② 사슬을 1코 뜹니다. 같은 코에 바늘을 넣고, 짧은뜨기를 뜹니다.

네코야마

1967년 도쿄 출생. 지금껏 살아오면서 고양이에게 위안을 받은 적이 여러 번 있었다. 이제 무엇을 만들든 거의 대부분이 고양이와 관련된 것들뿐이다. 우연히 손뜨개 인형의 매력에 빠진 후로, 아미네코를 낳는 엄마로서 홈페이지(http://www5a.biglobe. ne.jp/~mite/ 본문 중 갈등-22쪽, 낮잠-24쪽, 대접-35쪽은 홈페이지에도 게재 중이다)를 통해 일본 전역에 아미네코 팬을 늘리고 있다. 아미네코는 지금 이 순간에도 끊임없이 태어나고 있다. 더불어 다양한 아미네코 관련 사이트도 꾸준히 성장 중이다.

강수현

덕성여자대학교 문헌정보학과를 졸업하고, 글밥아카데미의 출판번역 과정을 수료한 후 현재 바른번역에서 전문 번역가로 활동 중이다. 무엇이든 손으로 만들기를 좋아하는 수예 경력 11년차 번역가로, 이해하기 쉽고 친숙한 표현으로 글을 풀어가는 독자 지향형 번역을 목표로 삼고 있다. 옮긴 책으로는 『모티브로 만드는 코바늘 소품』, 『머리가 커서 귀여운 손뜨개 인형』, 『들꽃 자수』, 『야생화 프랑스 자수』 등이 있다.

아미네코의 생활

1판 1쇄 발행 2014년 11월 17일

지은이	네코야마
옮긴이	강수현

발행인	이상영
편집인	서상민, 최윤영
디자인	오소명
펴낸곳	디자인이음

등록일	2009년 2월 4일 : 세 300-2009-10호
주소	서울시 종로구 자하문로24길 20 이음빌딩 501
전화	02-723-2556
팩스	02-723-2557
이메일	designeum@naver.com
블로그	blog.naver.com/designeum
트위터	@designeum

값 12,000원

ISBN 978-89-94796-32-1 13590